AGENDA
DES
APICULTEURS

par Alfred MINORET
PRÉSIDENT DU *Rucher des Allobroges,*
Instituteur à Saint-Alban-des-Villards (Savoie).

euxième édition.

PRIX : 40 centimes

LA PREMIÈRE ÉDITION
cette brochure a été honorée de trois médailles d'argent
DÉCERNÉES PAR :
Société des Agriculteurs de France ;
Société nationale d'encouragement à l'agriculture ,
Société d'apiculture du département de l'Aisne.

CHAMBÉRY
IMPRIMERIE GÉNÉRALE DE SAVOIE
51, place Saint-Léger, 51

AVIS

Les personnes qui sont embarrassées pour se procurer des abeilles, des ruches ou de l'outillage apicole, n'ont qu'à s'adresser à M. MINORET, Directeur du *Rucher des Allobroges*, à Saint-Alban des Villards, par La Chambre (Savoie), qui est en relation avec les éleveurs et les fabricants les plus renommés. En lui transmettant leurs commandes, les apiculteurs bénéficieront souvent des remises que font les marchands sur les ventes importantes ; ils pourront profiter des bonnes occasions qui se présentent de temps à autre et recevoir, à l'occasion, d'utiles observations. Un timbre de 0 fr. 15 doit être joint à chaque lettre.

ETUDIER, OBSERVER ET COMPARER
pour connaître.

AGENDA

DES

APICULTEURS

PAR

A. MINORET, Président du Rucher des Allobroges.

NOUVELLE ÉDITION. — 4e mille.

RUCHER

de M...

à...

NOTES SUR L'EXPLOITATION APICOLE DE L'ANNÉE

189

CHAMBÉRY
IMPRIMERIE GENERALE DE SAVOIE
51, Place Saint-Léger, 51

1897

PREMIÈRE PARTIE

CE QU'IL FAUT SAVOIR

L'APICULTURE

L'apiculture s'impose à tout cultivateur soucieux de l'avenir de ses récoltes et de la prospérité de son exploitation. Les abeilles, en butinant sur les fleurs, sont un des plus puissants agents de fécondation de ses arbres et des plantes de ses cultures. Les fleurs fournissent le miel aux abeilles et les abeilles changent les fleurs en fruits. — L'apiculture est surtout l'industrie du pauvre ; elle peut devenir pour lui une source sérieuse de bien-être. Les abeilles sont les animaux domestiques qui rapportent le plus proportionnellement à ce qu'ils coûtent.

Cent ruches, dans de bonnes conditions, nourrissent leur homme.

Une observation.

Depuis quelques années, la mode est aux abeilles. Croyant bien faire les choses, certains débutants construisent de beaux pavillons et les peuplent de colonies qu'ils font venir au poids de l'or des pays étrangers. Ils essayent ensuite tous les systèmes de ruches possibles et impossibles, et arrivent de la sorte à engager une forte mise de fonds. En raison de ces sacrifices, ils s'attendent à de gros bénéfices ; mais les ruches ne prospèrent pas, les abeilles meurent, les beaux rêves s'évanouissent, le découragement vient et, finalement, l'apiculture est abandonnée, *et ses vulgarisateurs sont pris pour des hâbleurs*.

La faute de cet insuccès est à vous seuls, Messieurs, qui n'avez récolté que des piqûres, et ils ne vous ont pas trompé ceux qui vous ont dit que l'élevage des abeilles procure à celui qui s'y voue, du plaisir, de l'instruction et un *revenu assuré*. Mais il faut s'y *vouer*, s'en occuper soi-même et, en cela comme en autre chose, commencer petitement.

Ne vous lancez pas si vous n'avez pas en votre cœur l'*amour* des abeilles et le *désir* de les soigner. Celui qui redoute la peine, ou qui préfère la fréquentation des lieux de plaisir aux soins de son apier, ne peut pas faire un apiculteur.

Allez voir d'abord un praticien expérimenté, étudiez les ressources mellifères de votre région, instruisez-vous, et vous ne serez pas déçus dans votre attente. Il n'est pas nécessaire d'être un savant pour élever des abeilles ; mais celui qui veut réussir doit avancer chaque année dans la connaissance de son art par l'étude et le travail patient. Les ruches demandent à être étudiées et manœuvrées d'une façon judicieuse, et l'apiculture ne se pratique pas partout de la même manière : là, où le miel est bon, il faut viser à la récolte ; là, où il est de qualité inférieure, il faut faire de l'élevage. On ne peut pas avoir à la fois miel et essaims.

Les trois grands facteurs de la production apicole sont : une *contrée mellifère, une bonne race d'abeilles et un homme qui connaît son affaire.* Le résultat dépend plutôt de la *méthode* suivie que du *système* de ruche adopté.

Il est nécessaire de faire partie de la Société d'apiculture de sa région.

1° Les sociétaires reçoivent un bulletin où ils trouvent : le résumé des travaux à exécuter chaque mois au rucher, les observations et les découvertes nouvelles, les divers usages du miel, les renseignements administratifs, etc.

2° Ils profitent de la bibliothèque, ce qui leur permet de connaître les bons livres apicoles et de recourir, à un moment donné, à tout ouvrage pouvant leur être utile.

3° Ils peuvent prendre part aux expositions organisées par la société, obtenir des récompenses, faire apprécier leurs produits, voir les appareils de toutes sortes et leurs perfectionnements et, par suite, faire un choix judicieux des objets qui leur sont nécessaires.

4° Ils peuvent assister à des conférences où ils apprennent à manipuler les abeilles, à construire une partie de l'outillage et du matériel apicoles. En outre, ils ont l'avantage de s'y rencontrer avec des amis et des personnes expérimentées qui leur donnent, avant et après la séance, des renseignements utiles et pratiques.

5° Ils jouissent des remises faites aux sociétaires par les marchands de cire et articles d'apiculture.

6° Enfin, ils ont un écoulement plus facile pour leurs produits, *car ils tiennent à honneur de ne vendre que des miels absolument purs.* Ils ferment ainsi les portes de la

France aux miels étrangers et obligent les falsificateurs à disparaître.

Races d'abeilles.

Trois races, différentes par la couleur et les mœurs, réussissent dans nos pays : l'abeille *noire, l'italienne* et la *carniolienne*. L'abeille noire est connue. L'*italienne*, remarquable par la couleur jaune des trois anneaux de son abdomen, est moins rustique, mais plus prolifique. Sa langue, plus longue, lui permet de butiner dans les fleurs où les abeilles de notre pays ne peuvent rien prendre. La *carniolienne* ressemble assez à la race commune ; elle est cependant un peu plus grosse et les anneaux de son abdomen sont plus apparents. Elle est très douce et plus prolifique encore que l'italienne, mais elle se défend moins bien et essaime beaucoup trop. Il est très difficile de conserver ces races pures, et ce n'est pas la peine d'y veiller, car le maintien de leur pureté n'est utile qu'aux marchands. Le producteur recherche plutôt les croisements : ils donnent des métisses d'humeur peu accommodante, mais excellentes au point de vue de la production. Il y a encore des *égyptiennes*, des *chypriotes*, des *palestiniennes*. Ces races orientales ressemblent un peu à l'italienne. Elles exigent un climat plus chaud que celui de nos montagnes et sont d'humeur très acariâtre.

Physiologie de l'abeille ouvrière.

Le corps de l'abeille se compose de trois parties :

La tête où sont : 1° deux antennes, organes du toucher ; 2° cinq yeux permettant de voir dans toutes les directions, deux gros à facettes de chaque côté et trois petits sur le front ; 3° les différentes parties de la bouche, mandibules, langue, antennules qui servent à pomper le miel, façonner la cire, broyer le pollen, appliquer la propolis et polir la ruche.

Le corselet porte deux paires d'ailes inégales et trois paires de pattes. Les pattes des ouvrières sont pourvues d'une brosse et d'une corbeille servant à recueillir et à rapporter le pollen des fleurs. A l'insertion des ailes, il y a les stigmates, ouvertures par lesquelles pénètre l'air destiné à la respiration. Le cri des abeilles provient de ces ouvertures. Le bourdonnement est produit par le battement précipité des ailes.

L'abdomen contient un double estomac : le premier sert à retirer le miel que les abeilles butinent jusqu'à ce qu'il soit rejeté dans les rayons ou absorbé comme nourriture; le second sert à digérer le miel nécessaire à l'alimentation ou à l'élaboration de la cire. Il s'ouvre dans les intestins, et ceux-ci vont aboutir à l'anus. L'abdomen est formé de six anneaux couverts d'écailles imbriquées. La cire sort entre ces anneaux sous le ventre. De chaque côté de l'abdomen, il y a six trous qui permettent l'introduction de l'air dans les trachées. Le dernier anneau contient une petite vessie pleine de venin, s'ouvrant dans un aiguillon barbelé. Ce venin est de l'acide formique. Il est mortel pour les abeilles. Chez l'homme et les animaux supérieurs, il cause les premières fois de l'enflure et une assez vive douleur; à la longue, il devient sans effet. On assure cependant que c'est un spécifique contre la goutte et les rhumatismes. L'abeille qui en pique une autre, tue cette autre sans se faire de mal; celle qui pique une personne ou un gros animal, périt ordinairement parce que l'aiguillon reste dans la plaie.

La reine.

Il y a dans une colonie ou famille d'abeilles trois êtres : la mère, les mâles et les ouvrières. Aucun de ces êtres ne peut vivre isolément.

La mère, plus grosse, plus grande, plus colorée, plus élégante que les abeilles ordinaires, est facilement reconnaissable. Les ailes, courtes pour la taille, laissent dépasser un abdomen gonflé par les œufs. Quand on veut s'en emparer, il faut la saisir par les ailes ou mieux l'emprisonner dans une petite cage, mais ne pas la pincer avec les doigts. Elle a un fort aiguillon recourbé, dont elle ne se sert que contre ses rivales. Le diamètre de son corselet (0,0045) donne la largeur des ouvertures pratiquées dans les tôles perforées. Son odeur est particulière et elle la communique à toute la colonie. C'est à tort qu'on l'appelle reine ou roi, car elle n'exerce aucune autorité. C'est simplement une mère, ou si l'on veut une présidente de république soumise aux ouvrières qui règlent sa ponte avec la nourriture spéciale qu'elles lui donnent. La ponte est son unique occupation. Elle peut produire jusqu'à 3,000 œufs par jour et même davantage, soit 100,000 par an et jusqu'à 500,000 pour toute la durée de son existence. Elle atteint son maximum de fécondité la seconde année; la troisième, elle est déjà épuisée et son existence dépasse rarement la quatrième. Une reine, dont la première ponte est limitée par l'étroitesse de la ruche, ne devient jamais très féconde. Deux mères vigoureuses ne peuvent pas vivre ensemble dans la même colonie, et l'unique mère ne sort que dans deux circonstances : la fécondation et l'essaimage. Nous parlerons de l'essaimage dans un article spécial. La fécondation a lieu une fois pour toute la vie, toujours dans l'air, par un beau jour, et souvent fort loin du rucher. Un des mâles les plus vigoureux obtient seul la victoire d'amour et la paie de sa vie, car ses parties génitales restent dans l'abdomen de la reine, comme l'aiguillon dans une piqûre. Cet acte a lieu vers le sixième jour après le moment où la reine est arrivée à terme. Elle est quelquefois retenue prisonnière dans sa cellule 4, 5 ou 6 jours ; dans ce cas, elle est mûre pour la fécondation en sortant du berceau ; six semaines plus tard, il n'aurait plus d'effets utiles. La liqueur séminale est déversée dans une petite poche située le long du conduit des ovaires, et la mère possède la propriété d'en injecter les œufs à volonté. Ceux qui sont injectés donnent naissance à des femelles, *ouvrières* ou *reines*, suivant dans quelles cellules ils sont déposés, la nourriture et les soins qu'ils reçoivent. Ceux qui ne sont pas injectés ne donnent naissance qu'à des mâles. Une mère qui n'a pu être fécondée ou qui ne l'a pas été en temps opportun, pond quand même, mais ses œufs ne donnent naissance qu'à des mâles (c'est la parthénogénèse). On dit alors que la mère est *bourdonneuse*. La ponte commence ordinairement une sixaine de jours après la fécondation ; mais, au début, elle est souvent irrégulière. On ne peut donc pas se prononcer tout de suite sur la valeur d'une mère.

Les ouvrières

sont des femelles atrophiées, plus petites que les reines et les mâles. Elles peuvent pondre par parthénogénèse, mais elles ne le font que si la colonie devient orpheline et s'il y a impossibilité pour elles d'élever une autre mère. Les œufs des ouvrières pondeuses ne peuvent donner naissance qu'à des mâles et sont répartis irrégulièrement ; certaines cellules restent vides, d'autres en possèdent plusieurs. La présence des *ouvrières pondeuses* est surtout facile à constater sur le couvain operculé ; les cellules deviennent bombées, saillantes, parce qu'elles sont trop petites pour des mâles. Les pondeuses ne se distinguent pas parmi les autres. Une ruche qui en possède accepte très rarement une reine, elle est perdue : il faut balayer sa population devant une autre colonie ; les ouvrières ordinaires pourront entrer, les pondeuses seront mises à mort. On dit encore, dans ce cas, que la ruche est *bourdonneuse*.

Le corps des ouvrières mesure environ 15^{mm} de longueur sur 4^{mm} de diamètre. Le poids d'une abeille qui n'a pas mangé est de 0 gr. 0907 ; chargée de butin, elle pèse trois fois plus, 0 gr. 252. Il s'ensuit qu'une abeille peut transporter à travers les airs deux fois son propre poids. Le nombre d'abeilles comprises dans un kilo varie donc de 3968 à 11025, selon qu'elles sont chargées ou non. Dans une colonie organisée, il y en a de 10,000 à 100,000. Toutes les abeilles ont une odeur commune, qui leur permet de se reconnaître et d'interdire aux étrangères l'entrée de leur demeure.

Ce sont les ouvrières qui dirigent toute l'économie de la ruche. Elles pourvoient à tous les besoins, accomplissent tous les travaux. Elles butinent le miel, vont à l'eau, au pollen, à la propolis, secrètent la cire, construisent les rayons, défendent les approvisionnements, nettoient la ruche, nourrissent et protègent la mère et réchauffent le couvain. Il faut voir avec quelle vigilance elles gardent l'entrée, avec quelle rage elles attaquent un ennemi si fort soit-il ! C'est cependant pour elles la mort certaine toutes les fois que leur aiguillon barbelé reste dans la plaie.

L'ouvrière ne commence à butiner que 15 jours après sa naissance. Pendant les premiers jours de son existence, elle s'occupe des travaux intérieurs. Le terme moyen de sa vie est de deux à trois mois. La plus grande partie sont victimes des intempéries, vents froids, pluies, orages ; d'autres deviennent la proie des oiseaux et des insectes, très peu meurent de vieillesse. Celles qui naissent en septembre et octobre passent l'hiver et meurent au mois d'avril ou de mai.

Les mâles

sont plus gros, mais moins longs que la reine. Leur présence n'est pas permanente ; ils n'apparaissent que d'avril à septembre. Le temps de la miellée passée, ils sont impitoyablement tués ou chassés par les ouvrières.

Durant leur vie, ils ne songent qu'à se gorger de miel. Leur présence dans la ruche peut contribuer à réchauffer le couvain ; mais, comme travail, ils ne font absolument rien. Ils ne servent qu'à la fécondation des reines et, pour cet acte, un seul suffit. On ne saurait donc trop s'opposer à leur éclosion ; on y réussit par l'emploi de la cire gaufrée. Certains apiculteurs s'amusent aussi à les prendre avec des bourdonnières. Une colonie qui conserve des mâles en dehors du temps de l'essaimage, est dans un état anormal ; elle est orpheline ou sa mère est sur le point de disparaître. Celle qui en produit un trop grand nombre a une vieille mère, ou des ouvrières pondeuses, ou un trop grand nombre de cellules à mâles dans le nid à couvain. Dans le premier cas, il faut remplacer la reine ; dans le second, il faut réunir la colonie à une autre ; dans le troisième, il faut supprimer les rayons de bourdons.

La ponte et le couvain.

La ponte, interrompue en hiver, reprend vers la fin de janvier, atteint son maximum en mai et juin et cesse en octobre. Son abondance varie suivant la saison et la récolte, la race des abeilles, la fécondité et l'âge de la reine, la grandeur de la ruche et le nombre d'ouvrières qui s'y trouvent. La mère pond son premier œuf au centre du groupe des abeilles, et continue en forme de spirale autour de ce noyau. Elle fait l'une après l'autre les deux faces du rayon et ne passe au suivant que si le groupe des abeilles peut entretenir une chaleur de 36°.

L'œuf tombe debout au fond de la cellule et y reste fixé pendant trois jours. Il se change ensuite en une espèce de petite chenille entortillée en rond que les abeilles environnent d'un peu de bouillie blanche composée de miel et de pollen. Quand la larve occupe tout l'alvéole, les abeilles ferment celui-ci par un couvercle poreux appelé opercule. Enfermé dans cette demeure, le ver se file un petit cocon et se transforme en chrysalide ou nymphe. Au bout d'un certain temps, le petit animal brise lui-même le sommet de l'enveloppe et sort. De vieilles abeilles le lèchent pour le nettoyer, d'autres lui offrent du miel avec leur trompe, et il court de suite sur les rayons.

Tableau des métamorphoses.

	Mères.	Ouvrières.	Mâles.
1° L'éclosion de l'œuf a lieu le	4me	4me	4me jour
2° La cellule est fermée le...	9me	9me	9me jour
3° L'abeille sort de la cellule à l'état d'insecte parfait le	16me	22me	25me jour
4° L'abeille prend son vol hors de la ruche le........	21me	36me	39me jour

Capacité du nid à couvain.

Les deux faces d'un décimètre carré de rayon contiennent 854 alvéoles d'ouvrières. Le développement d'une abeille exige 21 jours et une reine peut pondre par jour 3.000 œufs et au-delà. Elle doit donc disposer pour sa ponte seulement de 63.000 cellules au moins. En outre, la nourriture du couvain demande environ 1/3 de la surface qu'il occupe ; il nous faut donc encore 21.000 cellules. En tout 84.000 cellules, ou 98 décimètres carrés, soit 8 ou 9 cadres Layens ou Dadant. Comme les cadres ne sont pas ordinairement entièrement remplis et qu'il faut aussi tenir compte de l'élevage des faux-bourdons, 10 grands cadres sont nécessaires au nid à couvain.

Elevage des reines.

La perte d'une reine en automne et en hiver entraîne fatalement la perte de la colonie. Il n'en est pas de même au printemps et en été, alors qu'il y a des œufs dans les rayons et des mâles dans les ruches. A cette époque, quand la reine manque, les jeunes abeilles choisissent un œuf *d'ouvrière*, agrandissent, aux dépens des voisines, la cellule où il se trouve en forme de gland renversé, donnent une bouillie spéciale à la larve et se créent ainsi une mère en moins de deux semaines. Mais il faut encore 5 jours avant qu'elle soit fécondée, 6 avant qu'elle ponde, 21 jusqu'à ce que les premières ouvrières naissent, 15 avant qu'elles butinent, soit plus d'un mois et demi avant que ses premières filles rapportent quelque chose. En donnant une mère fécondée de réserve on gagne 23 jours.

Les œufs qui donnent naissance aux ouvrières et aux reines sont identiques. On peut donc avoir des reines à volonté ; cependant les vieilles abeilles n'en élèvent pas. Si on veut que les colonies orphelines depuis longtemps se livrent à ce travail, il faut leur donner deux fois du couvain, à huit jours d'intervalle, et ce sont les abeilles nées du premier couvain qui font l'élevage. Des apiculteurs élèvent des reines pour le commerce et les expédient par la poste dans des cages exprès. Le prix varie de 3 à 8 francs, suivant l'époque et suivant la race.

Essaimage naturel et artificiel.

Au moment de la grande miellée, les abeilles construisent assez souvent un certain nombre d'alvéoles royaux. Alors, si la reine est vieille ou peu robuste, les ouvrières la tuent généralement ; si elle est vigoureuse, c'est elle qui cherche à détruire ses jeunes rivales au berceau ; si elle ne peut y parvenir, elle se sauve, entraînant à sa suite une partie de la population. Chargée d'œufs, elle fait quelques tours dans l'air et se pose bientôt dans le voisinage, ordinairement sur une branche. Les abeilles la rejoignent et forment une grappe autour d'elle en se tenant par les pattes. C'est un essaim *primaire* qui va fonder une nouvelle colonie. Il faut le ramasser de suite, car il ne tardera pas à repartir. A ce moment, les abeilles sont faciles à manier : elles ont eu soin de se gorger de miel et dans cet état elles ne piquent pas. — Dans la ruche orpheline, l'éclosion du couvain refait bien vite la population et, cinq ou six jours après, une première jeune reine sort d'un alvéole. Il peut arriver qu'elle parte aussi le lendemain ou le surlendemain avec une partie de la nouvelle population. On a alors un essaim *secondaire*. Quand ce cas doit se produire, les autres mères sont maintenues prisonnières dans leur berceau, et le soir on entend la jeune mère qui chante tih ! tih ! tih ! et les prisonnières qui répondent koua ! koua ! koua ! — La même ruche peut encore donner un essaim *tertiaire* deux ou trois jours après. Les mêmes faits se produisent de nouveau. Les essaims secondaires et tertiaires sont accompagnés de jeunes mères non encore fécondées ; ils partent souvent bien loin sans qu'il soit possible de les retenir.

L'essaimage artificiel est une opération par laquelle l'apiculteur retire lui-même un essaim et l'installe directement dans la ruche qu'il doit occuper.

Constructions des abeilles. — La Cire.

La cire dont les rayons sont construits est une sécrétion naturelle des abeilles, une sorte de graisse. Les ouvrières la recueillent avec leurs pattes, en fines lamelles, sous les anneaux de leur abdomen. Cette exsudation les affaiblit et sa production demande une forte consommation de miel. — La cire d'abeilles a une densité de 0,972 et fond à 62° centigrades. Sa composition chimique est un mélange d'acide cérotique (C^{27} H^{54} O^{2}) et d'éther myricypalmitique. — Pour la conserver, il faut la purifier ; à l'état de rayon, la fausse-teigne la détruit. — Elle sert aux encaustiques, au frottage, pour la pharmacie, la chimie, à la confection des cierges, etc. — On trouve dans les montagnes qui avoisinent la mer Caspienne et aux Etats-Unis la cire *minérale*, mise en vente à bon marché, sous les noms de cérésine, paraffine, etc. Il y a aussi des cires *végétales* fournies par diverses plantes, et une cire *animale* fournie par la cochenille ; mais elles coûtent plus cher que la cire des abeilles.

C'est par la cloison médiane que les abeilles commencent les rayons. Elles se pendent en guirlande et se font passer au moyen de leurs pattes postérieures la cire qu'elles mastiquent et imprègnent de salive. Le poids de leur chaîne donne aux bâtisses la direction verticale. Ces constructions se font de haut en bas et exceptionnellement de bas en haut.

Les cellules ont la forme d'un prisme hexagonal incliné de bas en haut, sous un angle de 4 à 5 degrés, et terminé par une pyramide. L'axe d'une cellule sur une face correspond exactement à la jonction de trois cellules placées sur la face opposée.

Dimensions :	côté.	apothème.	profondeur.	surface.
Ouvrières...	3mm	2mm6	12mm	23mm²42
Mâles	3mm81	3mm3	16mm	37mm²72

Un décimètre carré de rayon renferme dans les deux faces 854 cellules d'ouvrières ou 480 cellules de mâles. 19 cellules d'ouvrières ou 15 cellules de mâles font une longueur de un décimètre. Les rayons à cellules d'ouvrières remplis de couvain des deux côtés ont une épaisseur de 23 à 24mm ; ceux à cellules de mâles ont 34mm. La distance entre les rayons est de 11mm. L'épaisseur des parois est à peine de 1/4 de millimètre, mais elle augmente lorsque les alvéoles ont servi plusieurs fois de berceau. L'épaisseur des rayons de miel varie ; elle atteint quelquefois 50mm. — Les cellules maternelles ont la forme d'un gland renversé et ne ressemblent pas du tout aux autres.

On fabrique aujourd'hui en forme de gaufres des rayons artificiels qui permettent aux abeilles d'aller plus vite en besogne et empêchent la ponte des bourdons, parce qu'ils portent l'empreinte des alvéoles d'ouvrières. Malheureusement, ces rayons gaufrés contiennent souvent des matières étrangères et les cires falsifiées sont plus nuisibles qu'utiles.

Les abeilles récoltent :

1° Du *nectar*, ou liquide sucré, qui se trouve dans les fleurs, sur les stipules de certaines plantes, et parfois sur les feuilles de certains arbres ; il sert à faire le miel.

2° Du *pollen,* ou poussière fécondante des fleurs ; il sert pour la nourriture des jeunes abeilles.

3° De la *propolis*, sorte de matière gommeuse, qui se trouve sur les bourgeons du peuplier, du saule, du bouleau, du sapin, etc. ; elle est employée comme mastic pour boucher les fentes ou fixer les rayons.

4° De l'*eau* ; elle sert à délayer la nourriture destinée aux jeunes abeilles et à dissoudre le miel cristallisé.

Installation d'un rucher.

Si l'on excepte les pays exclusivement vignobles, toutes les contrées sont plus ou moins propices à l'apiculture. Toute exposition est bonne, mais celle du Sud-Est est préférable : les ruches sont moins exposées au grand soleil de Midi, aux pluies battantes de l'Ouest et à la bise glaciale du Nord. Le pied d'une côte vaut mieux que le sommet. Eviter le voisinage des rivières, des étangs étendus, des usines, des mauvaises odeurs et des chemins fréquentés. Tenir compte de l'arrêté préfectoral qui règle les distances à observer. Pas de vents, du soleil avec de l'ombre l'été, de l'eau mais pas d'humidité et des fleurs en abondance : voilà ce qu'il faut aux abeilles.

Le rucher-abri, qui occasionne une dépense considérable, est absolument inutile pour la production et souvent incommode pour les manipulations indispensables. Il n'est à conseiller qu'à ceux qui n'ont pas une propriété propice pour l'installation des ruches. Dans ces ruchers, l'abondance de place ne nuit jamais. Il faut derrière les ruches un passage de 2 mètres, entre les ruches un intervalle de 0 m. 20 et une hauteur de 1 mètre entre la première et la deuxième rangée. Comme toiture, le zinc ne vaut rien et l'ardoise guère mieux : en été, ils augmentent trop la chaleur intérieure du rucher et quand la grêle tombe sur le zinc elle fait un bruit qui effraye les abeilles au point de les faire sortir.

Dans les endroits tempérés, ceux qui ont une propriété étendue et suffisamment protégée contre les ours de toute nature, ont avantage à disséminer leurs ruches à l'ombre de quelques arbustes. Elles sont très bien contre une haie, mais très mal contre un mur exposé au Midi, à cause de la concentration des rayons du soleil qui trompent les abeilles en hiver et font fondre les rayons en été. Dans les pays froids, il est utile d'abriter les ruches contre un bâtiment. Elles doivent être placées bien d'aplomb sur des supports à une hauteur de 0 m. 20 environ. Un passage est nécessaire tout autour des ruches, surtout derrière, pour faciliter les opérations. Il faut aussi ménager devant les guichets une allée sablée, propre de toute mauvaise herbe et planter des arbustes près des ruches, pour que les essaims s'y posent.

Choix d'une ruche.

Tant vaut l'apiculteur, tant vaut la ruche. Le vulgaire panier de nos pères donne de beaux rendements à celui qui sait s'en servir, mais il demande bien plus d'habileté et d'expérience que la ruche à cadres. Le premier peut être comparé à un livre fermé, il faut deviner ce qui s'y passe ; la seconde est un livre ouvert qui permet à l'apiculteur d'observer et d'étudier à son aise la vie de l'abeille. Avec les ruches fixes, il est difficile de remédier aux accidents, d'empêcher la multiplication ruineuse des faux-bourdons, de prélever le miel, de soigner les abeilles malades, de faire des réunions ou des essaims et de changer la reine quand c'est le cas. Elles ont encore l'inconvénient d'exiger, juste au moment des grands travaux, une surveillance souvent très longue des essaims. Dimensions des ruches en paille : diamètre 0,40 ; hauteur 0,30 ; sommet horizontal avec une large ouverture ; capot : même diamètre ; hauteur 0,15. La ruche à cadres, au contraire, se prête à l'industrie de l'apiculture. Elle permet la récolte du miel à l'aide de l'extracteur sans détruire les rayons ; on possède ainsi des bâtisses toutes prêtes à donner aux abeilles pour qu'elles les remplissent de nouveau. Un autre avantage, c'est qu'on peut prendre dans les fortes colonies des cadres de miel pour les donner à celles qui en manquent. Celui qui veut tirer tout le parti possible de ses abeilles, doit donc transformer ses anciennes ruches en ruches à cadres. Il doit adopter un bon modèle et se garder d'y apporter la moindre modification. Les novices ont la manie de vouloir inventer des ruches ou essayer de perfectionner celles qui existent ; quand ils ont plus d'expérience, ils reconnaissent qu'ils ont fait fausse route.

Les ruches à cadres peuvent se ranger dans trois systèmes : 1° les ruches horizontales, genre *Layens*, agrandissables horizontalement au moyen de cadres qui se placent sur les côtés du nid à couvain, dans une caisse de forme allongée. Elles conviennent surtout aux commençants et à ceux qui ont peu de loisirs. Cadre type : 0,31 de largeur sur 0,37 de hauteur (cadre Layens) ; 2° les ruches verticales, genre *Dadant*, agrandissables verticalement au moyen de hausses qui se placent sur le nid à couvain. Elles demandent plus de soins intelligents que les précédentes, mais elles sont meilleures pour celui qui tient au plus et au mieux. Cadre type : 0,27 de hauteur sur 0,42 de largeur (cadre Dadant-Blatt) ; 3° les ruches jumelles, genre *Wells,* contenant deux familles séparées par une simple cloison. On peut les faire travailler isolément jusqu'à la miellée et les réunir à ce moment ou garder en tout temps les deux colonies avec les deux mères et faire travailler les ouvrières en commun dans un magasin unique, séparé des deux nids par une tôle perforée, placée horizontalement. Même cadre que pour le système précédent.

En adoptant le cadre, type *congrès*, 0,30 de hauteur sur 0,40 de largeur, on peut pratiquer les trois systèmes avec une seule ruche et un seul cadre. Une caisse de vingt à vingt-cinq cadres permet d'avoir à volonté une Layens, deux Dadant juxtaposées ou une Wells. C'est un grand avantage pour l'apiculteur de pouvoir, sans aucun changement de matériel, conduire ses ruches d'après la méthode qui se prête le mieux au temps et au talent dont il dispose, au nombre de ruches qu'il possède et à l'éloignement ou à la proximité de son rucher.

Il est indispensable pour un apiculteur de n'avoir que des cadres de la même dimension.

Fabrication des ruches.

Celui qui débute n'a pas à choisir : il doit acheter un bon modèle chez un fabricant. Quand il le connaîtra, s'il a des loisirs en hiver, avec un établi et des outils de menuisier, il pourra faire lui-même ses ruches en copiant le modèle servilement. Surtout s'il achète des bois coupés de dimensions et prêts à clouer. Mais s'il faut qu'il fasse copier le modèle par l'artiste du village, il n'a qu'à y renoncer : c'est le moyen de payer plus cher et d'être mal servi. Les petits détails paraissent insignifiants à un menuisier qui n'est pas apiculteur. Une différence de quelques millimètres peut cependant devenir un grave inconvénient. Voyez d'ici l'embarras de l'apiculteur qui se trouve auprès d'une ruche avec des cadres trop grands ou trop petits.

L'avenir de l'apiculture.

La France ne produit pas assez de miel pour sa consommation ; elle en achète chaque année pour plusieurs millions à l'étranger, du plus ou moins pur. Les fleurs de notre pays produisent cependant une énorme quantité de liquide sucré, dont la plus grande partie est entièrement perdue, et le nombre de nos ruches pourrait être augmenté dans une proportion si considérable, qu'il n'est pas possible de l'évaluer. Livrons-nous donc à l'apiculture, produisons du miel et mangeons-en. L'usage du vrai miel est un brevet de longue vie ; il est bon, comme nourriture, comme boisson et comme remède.

Pharmacie apicole.

Soufre. — Sert pour conserver les cadres travaillés par les abeilles.

Solution boriquée. — S'emploie comme remède contre les piqûres.

Solution phéniquée. — S'emploie comme préservatif contre les piqûres (voir page 34).

Eau-de-vie camphrée. — Même usage (voir page 34.)

Sel de nitre. — Sert pour l'asphyxie momentanée des abeilles.

Lycoperdon ou *vesse de loup.* — Même usage ; faire sécher au four et conserver au sec.

Crème de tartre. — Sert pour la préparation du sucre en plaque (voir page 47).

Naphtaline. — Sert comme désinfectant et préservatif contre la loque.

Camphre. — Même usage.

Acide salicylique. — Remède contre la loque.

Acide formique. — Autre excellent remède contre la loque.

Le thym, la menthe, l'eucalyptus sont ainsi employés contre la loque.

DEUXIÈME PARTIE

CE QU'IL FAUT FAIRE

Pour réussir

Il faut des populations colossales au moment précis de la récolte et des ruches suffisamment agrandissables pour loger ces populations, leur nombreux couvain et les récoltes stupéfiantes qu'elles amassent. Les grandes populations rapportent plus que les petites : supposons une ruche de 40,000 abeilles, la moitié de la population suffit à la besogne intérieure; l'autre moitié va butiner. Dans une ruche de 80,000 abeilles, à peu près la même quantité d'ouvrières suffit au travail intérieur, et le nombre des butineuses est ainsi *trois* fois plus grand. De plus, une grande population ayant beaucoup de chaleur, ses butineuses pourront partir de meilleure heure à la picorée, sans crainte de voir les petits grelotter au berceau. Les ruches se pèsent et ne se comptent pas. Mieux vaut avoir 10 colonies quatre fois plus fortes que 40 colonies quatre fois plus faibles. Il en résulte que ceux qui veulent augmenter le nombre de leurs colonies et encore avoir du miel, gagneraient à acheter des essaims plutôt que d'en faire.

APRÈS L'HIVER

Mars

1° C'est en mars que commence l'année apicole. Ne pas se presser pour *visiter l'intérieur* des ruches à cadres, mais *veiller aux provisions.* Du 1er mars au 1er mai, une forte ruche a besoin d'une douzaine de kilos de miel pour l'élevage du couvain. C'est encore trop tôt pour donner du miel ou du sirop *liquide ;* il faut du sucre en plaques, ou une pâte composée dans la proportion de 1 kilo de miel chaud pour 4 kilos de sucre en poudre. Des rayons operculés feraient encore mieux l'affaire ; les sections imparfaitement réussies conviennent également, mais le miel granulé ou détérioré ne vaut rien. Avoir bien soin de toujours faire bouillir les miels en barils : s'ils sont naturels, ils peuvent provenir de ruches loqueuses. La nourriture se distribue le soir et autant que possible par le haut de la ruche. En donner au moins 2 kilos à la fois. Pour nourrir les ruches en paille tout à fait faibles, il est bon de les transporter dans une cave ou dans une pièce obscure et chauffée. Attendre le mois d'avril pour le nourrissement spéculatif : le développement de la ponte en ce temps-ci n'est ni utile ni profitable.

2° Si, aux premières sorties, la neige couvre encore la terre, répandre au-devant des ruches de la paille ou des balles de céréales. Une abeille, au printemps, en vaut cent de celles qui naîtront au mois de juillet. — C'est le moment d'organiser le rucher et de mettre les ruches à la place qu'elles doivent occuper. Nettoyer et fermer hermétiquement après avoir fait brûler une mèche de soufre, celles dont les populations ont péri pendant l'hiver. Intercepter toute communication entre les colonies, pour éviter le pillage latent. Mettre dans toutes les ruches un désinfectant, naphtaline, camphre ou autre, et un peu de sel. Par les belles journées, soulever le toit pour laisser pénétrer le soleil sur le coussin. Dans un rucher bien tenu, il y a toujours quelque chose à faire.

3° C'est le moment de faire ses achats. S'enquérir d'abord de la confiance que mérite le vendeur et de la façon dont il conduit son rucher. Pour débuter, les abeilles du pays sont préférables aux races étrangères. Ruches fixes : en choisir de grandes, assez lourdes, mais pas trop, bien peuplées, avec des rayons droits, pas moisis et pas trop vieux. Dans une ruche en paille, on peut évaluer à huit kilos le poids du panier, de la cire, du pollen et des abeilles. Ruches à cadres : n'acheter qu'après une visite faite avec un ami sûr et connaisseur. Une belle ruche à cadres, d'un bon modèle, avec une forte population et tous les rayons parfaitement bâtis, vaut 70 francs, savoir : caisse, 20 fr. ; vingt cadres, 20 fr. ; douze kilos de miel, 18 fr. ; abeilles, 12 fr. Si le vendeur est inconnu, exiger la garantie de la présence d'une mère fécondée. — En somme, ne rien négliger pour se procurer de bonnes ruches, dut-on les payer un peu cher. Pour le transport, s'arranger de manière que l'air puisse pénétrer au sein des colonies. Les ruches fixes doivent être renversées. Se servir, pour les fermer, d'une toile munie d'un grillage métallique au milieu et ne faire l'entoilage qu'après le coucher du soleil. Au sortir de l'hiver, on peut prendre des abeilles chez un voisin ; quand elles travaillent, il faut aller à deux kilomètres, autrement les butineuses retournent à leur première demeure. Pour rajeunir et améliorer la race, il serait bon de changer chaque année une ou deux colonies avec un apiculteur éloigné de quelques kilomètres.

4° Ne pas toucher aux ruches sans les enfumer légèrement et éviter, pendant les manipulations, les mouvements brusques et les secousses. Se tenir par derrière pour faire les opérations, et empêcher les chiens d'approcher, car leur odeur irrite les abeilles. Quand on cause quelque désordre à l'intérieur d'une ruche, il faut laisser à la colonie le temps de se calmer avant d'y porter remède. Ne pas souffler sur les abeilles pour les écarter, se servir pour cela d'un peu de fumée. On n'arrive pas à échapper complètement aux piqûres ; quand on les craint, ne pas avoir peur de mettre un voile.

5° A la fin mars, après une quinzaine de beaux jours et de sorties générales, quand les abeilles rentrent chargées de pollen, visiter les ruches à fond et disposer l'intérieur de la manière suivante : au milieu, les cadres de couvain, qu'il faut avoir soin de ne pas diviser, et, de chaque côté, deux cadres de miel et les cadres vides qui restent. Ne pas donner de cire gaufrée ni des cadres à construire : c'est encore trop tôt. — Ceux qui écartent les cadres pour l'hivernage doivent les rapprocher. Généralement, on donne 36 millimètres de centre à centre ; Cowan n'en laisse que 32, pour empêcher l'élevage des bourdons ; Dadant met 38. — Supprimer les rayons déformés et ceux qui sont trop vieux, parce qu'ils donnent naissance à des abeilles plus petites. Gratter ceux qui contiennent du pollen moisi, ou mieux les faire sécher, puis couper le bord des cellules avec un couteau bien tranchant et secouer le pollen. Changer les cadres salis par la dysenterie et nettoyer les ruches atteintes de cette affection. Remplacer les rayons à cellules de mâles par d'autres à cellules d'ouvrières. Mettre de côté les plus jolis pour en faire des nourrisseurs. Profiter de cette visite pour nettoyer proprement le plateau et mettre les ruches d'aplomb. — Noter avec soin sur son carnet le résultat de la visite : étendue et aspect du couvain, quantité des provisions, qualité des rayons, force de la population, etc.

6° La chaleur est plus nécessaire que jamais à cause du couvain. Une visite intempestive peut amener la loque. Ne rien enlever des couvertures d'hiver, supprimer tout courant d'air, rétrécir les ouvertures. L'air se renouvelle suffisamment par les allées et venues des abeilles. Remettre les toiles peintes ou cirées sous les coussins : l'humidité, nuisible en hiver, est utile au printemps.

7° Mettre à proximité des ruches, dans un endroit abrité, de l'eau salée et de la farine, là où il n'y a pas de fleurs printanières pour fournir le pollen. On peut aussi mettre l'eau salée et la farine à l'intérieur des ruches dans un cadre nourrisseur à grandes cellules. A la sortie de l'hiver, ce qui manque le plus aux abeilles, c'est le pollen ; en avril, c'est le miel ; en mai, c'est une mère très féconde.

8° C'est une grosse faute de *tailler* les ruches fixes. Les abeilles ne peuvent pas encore construire, et la mère manquera de berceaux au moment où il importe de stimuler la ponte. La taille met le couvain à nu et favorise la construction des grandes cellules. La récolte doit se faire après la grande miellée ; en ce moment-ci on doit se contenter d'enlever les cellules de mâles et ce qui est fortement moisi ; si c'est possible, il faut regarnir la ruche avec des rayons d'ouvrières.

Visite générale, éviter le pillage ;
Et du couvain aussi stimuler l'élevage.

Livre à consulter : *Cours complet d'apiculture*, par Georges de Layens. — Prix, 3 fr.

Notes sur l'exploitation apicole.

AU PRINTEMPS

Avril.

1. — Attention ! Les colonies ne sont pas encore hors de danger : les ruches périssent souvent à la fin du printemps, faute de vivres. Ne pas se fier aux fleurs printanières ; elles ne font qu'augmenter la consommation journalière en stimulant la ponte, et l'apport quotidien ne suffit pas à l'alimentation du jour. Quand les rayons sont pleins de couvain, les abeilles ont besoin d'une quantité de miel énorme. — Beaucoup de miel fait beaucoup d'abeilles, beaucoup d'abeilles feront beaucoup de miel. Dès l'apparition des premières fleurs, on peut donner du miel liquide ou du sirop : 5 kilos de sucre pour 3 litres d'eau et une poignée de sel. Distribuer en une seule nuit toutes les provisions nécessaires. — Pour conserver un essaim faible, il faut le nourrir abondamment et tous les jours. Quand on nourrit les ruches en paille par le bas, il faut avoir soin de mettre l'assiette le soir et de l'enlever le lendemain matin au lever du jour.

2. — 45 jours avant l'époque de la grande miellée, on peut commencer le nourrissement stimulant, c'est-à-dire par petites quantités, pour activer la ponte. C'est une arme dangereuse, qui produit, chez les débutants, plus de mal que de bien. Il ne donne de bons résultats qu'avec les colonies *fortes en abeilles et très riches en miel*, et seulement quand la température extérieure est bonne. Présenter aussi la nourriture le soir, mais en bas, sur le plateau. Rétrécir les ouvertures et éviter soigneusement de laisser du miel dans le voisinage des ruches. Le nourrissement spéculatif, une fois commencé, doit être poursuivi jusqu'à la récolte.

3. — Recueillir les essaims de Pâques qui s'envolent des ruchers mal tenus, poussés par la faim, et les réunir, à la nuit tombante, à des colonies faibles. On peut les sauver si on a des rayons de miel à leur donner. — A la fin d'avril, les ruches faibles sont des *non-valeurs pour la récolte.* C'est souvent plus avantageux de les réunir à d'autres que de les nourrir. S'il s'agissait d'une ruche d'élevage, avec une bonne reine, on la fortifierait au moyen de cadres de couvain pris à une forte colonie. — Réunir aussi les colonies orphelines. Si une de ces colonies était très forte, on pourrait la tirer

d'affaire en lui donnant une reine de réserve ou en lui faisant élever une *mère de sauveté*. Dans ce cas, prendre du couvain dans la meilleure ruche. Surveiller les reines achetées à l'étranger ; elles apportent quelquefois la loque.

4. — Ne pas se presser pour agrandir et mettre les hausses. Eviter les courants d'air dans le nid à couvain et n'ouvrir les ruches que par le beau temps : un refroidissement peut tuer le couvain et amener la loque. — S'il y a des apports de miel, on peut donner des rayons gaufrés à bâtir. Les placer entre le dernier et l'avant-dernier rayon. En mettre au plus deux à la fois, un de chaque côté, et ne pas diviser le nid à couvain. Se défier des cires gaufrées à bon marché. — Dans les cadres, mettre 4 ou 5 fils de fer dans le sens de la hauteur ; ceux des extrémités tout près des montants et parallèles à ceux-ci ; ceux du milieu de manière oblique. En mettre aussi un horizontalement aux trois quarts de la hauteur. En été, les rayons s'effondrent souvent. Laisser un espace vide contre les montants et sur la traverse inférieure, pour que la cire puisse se dilater. Si on veut remplacer un cadre contenant du couvain, on le place le dernier du groupe à couvain et on attend son éclosion pour le faire disparaître. S'il y en a plusieurs à remplacer, opérer progressivement. — Les vieilles colonies construisent ordinairement en cellules de mâles : ne pas mettre près du nid à couvain des cadres simplement amorcés.

5. — Si le couvain est disséminé et présente déjà des larves de mâles en certaines quantités, surveiller la ruche, elle peut devenir orpheline : la reine est mauvaise. Changer celle-ci ou lui donner du couvain pris dans une bonne ruche pour favoriser l'élevage. — Si on découvre du couvain loqueux, il ne faut pas compter qu'il disparaîtra tout seul. D'abord, enlever les rayons fortement atteints, ensuite mettre un désinfectant dans les ruches : naphtaline, camphre, eucalyptus, acide phénique, etc., et faire absorber un curatif : naphtol bêta, acide formique, acide salycilique, tymiline, etc. Une ruche loqueuse, abandonnée à elle-même, est fatalement perdue et peut causer la perte de tout un rucher et même de tous les ruchers voisins.

6. — On peut peupler une ruche à cadres : 1° en y mettant un essaim naturel ou artificiel ; 2° en la couvrant avec une belle ruche fixe ; 3° en plaçant sous la ruche à cadres une ruche fixe renversée ; mais, dans ce cas, il faut que le pla-

teau de la ruche à cadres soit percé d'une ouverture d'un décimètre carré au moins ; 4° En commissionnant un essaim sur cadres de la dimension voulue ; 5° en transvasant tout le contenu de la ruche en paille. — Attendre, pour transvaser, que les abeilles commencent à récolter et choisir pour cela une belle journée. Ce n'est pas la peine de transvaser les petites ruches, et celles qui sont très fortes peuvent rendre davantage par l'essaimage. Mieux vaut, pour ceux qui ne sont pas praticiens, attendre un essaim que de tenter un transvasement. Il est pratique de chasser les abeilles devant le rucher et de transvaser les bâtisses dans une chambre chauffée. Il est bon aussi, quand la température est encore basse, de réchauffer la ruche avec des briques.

7. — Quand on veut faire un élevage de reines pures ou croisées, il faut mettre un rayon à grandes cellules dans le nid à couvain de la colonie de choix dont on veut les bourdons pour féconder les reines. Faire cette opération de bonne heure, de manière à obtenir des mâles avant qu'il y en ait dans les autres ruches, et nourrir abondamment. — L'élevage des reines doit être fait par une très forte ruche. La même colonie peut élever des reines de races différentes ; il suffit de changer ses cadres de couvain avec d'autres, pris dans différentes ruches.

8. — Tenir proprement son rucher, détruire les fausses-teignes, faire la chasse aux guêpes ; chacune d'elles est une reine, autant on en détruit, autant on détruit de nids. — Faire fondre les débris de vieille cire le plus tôt possible. — Mettre une ruche sur bascule, pour constater si les vivres augmentent ou diminuent, est une excellente précaution. — Ne pas trop tourmenter les abeilles ; moins on les dérange inutilement, plus elles prospèrent. Laisser à ceux qui en ont les moyens le soin de faire des expériences. Le *Bulletin du Rucher des Allobroges et de la Société d'Apiculture de la Haute-Savoie* donne tous les renseignements dont on peut avoir besoin.

Au mois d'avril, ajoutez des rayons,
Pour obtenir fortes populations.

Livre à consulter : *Causeries apicoles*, par C. Froissard. — Prix, 3 fr.

Notes sur l'exploitation apicole.

L'ÉPOQUE DES ESSAIMS

Mai.

1. — La consommation augmente toujours ; en cas de mauvais temps, surveiller les provisions.

2. — On ne peut avoir à la fois des essaims et du miel : choisir vers lequel de ces produits on veut faire tendre l'activité de ses abeilles. Dans les localités peu mellifères et dans celles où le miel est de qualité inférieure, l'élevage est plus rémunérateur que la production du miel.

Pour avoir du miel, réduire l'essaimage à la proportion d'un essaim par deux fortes colonies, ou chercher à l'empêcher ; à cet effet, la reine doit avoir toujours des alvéoles pour pondre, les butineuses des rayons pour mettre le miel, les cirières des cadres à bâtir dans le grenier à miel. — Il faut au nid à couvain 10 à 12 grands cadres. On peut y intercaler des rayons bâtis pris dans la ruche, mais pas de cire gaufrée : elle pourrait s'effondrer ou faire l'office de planche de partition ; pas de cadres amorcés non plus : *les ruches en pleine activité ne construisent guère que des rayons à cellules de mâles*. — Il est bon d'avoir toujours des ruches prêtes pour recevoir les essaims, car il en sort souvent malgré toutes les précautions.

3. — Agrandir dès le commencement de la récolte, par l'addition de cadres ou de hausses. Laisser les couvertures, car l'agrandissement fait un vide qui refroidit la ruche. Il est avantageux que les cadres de la hausse soient perpendiculaires à ceux du couvain. Cependant, pour faire monter plus vite les abeilles, il est préférable de les placer dans le même sens et de mettre un grand rayon qui descende jusqu'en bas pour servir d'échelle. On peut donner aux cadres des hausses une épaisseur de 0,035 au lieu de 0,025. 10 rayons épais tiennent la place de 12 rayons minces, mais ils logent plus de miel parce qu'il n'y a que 9 ruelles au lieu de 11. L'apiculteur économise deux plaques de cire gaufrée, et les abeilles n'ont que 20 faces à operculer au lieu de 24. Pour les sections, se servir de casiers et de séparateurs. La section est un article de luxe ; jeter au feu les bois qui ont déjà servi et ceux qui sont sales.

4. — Essaim de mai, vache à lait. Si on veut des colonies, stimuler la ponte et ne pas attendre que les ruches essaiment :

faire ses essaims artificiellement. Un des meilleurs procédés consiste à faire un essaim avec deux fortes colonies. On met dans une ruche vide tous les rayons d'une forte ruche en laissant les abeilles dans cette dernière que l'on remplit avec des cadres amorcés ; puis on met la ruche vide d'abeilles et remplie de couvain à la place d'une autre forte ruche que l'on déplace. Cette méthode s'applique aux ruches vulgaires et aux ruches à cadres. On peut faire un essaim artificiel avec une seule ruche à cadres si elle est forte : on tire un cadre de miel sans les abeilles, deux cadres de couvain de tout âge avec les abeilles, on place tous ces cadres avec deux ou trois autres garnis de cire gaufrée dans une ruche vide que l'on met à la place de la souche, et on transporte celle-ci un peu plus loin.

5.— *Les essaims ont besoin de développer rapidement leur contingent de butineuses, ils commencent presque toujours par construire la valeur de trois ou quatre grands cadres en cellules d'ouvrières.* Il est bon de nourrir la souche et l'essaim avec du sirop liquide un peu salé ; le nourrissement de l'essaim est de rigueur si le temps est mauvais. Il faut attendre l'apparition des premiers bourdons, et n'opérer que par une belle et chaude journée, aux heures où les butineuses sont aux champs. Ne faire essaimer que les ruches fortes en population et en provisions. Suivant le but visé, on peut : 1° laisser la souche en place et mettre l'essaim dans un endroit quelconque du rucher ; 2° mettre l'essaim à la place de la souche et celle-ci à un autre endroit ; 3° mettre l'essaim à la place de la souche, celle-ci à la place d'une autre colonie et cette dernière dans un endroit libre du rucher. Un débutant ne devrait faire d'essaims artificiels que sous la direction d'un apiculteur expérimenté. En cas de permutation, déplacer seulement les ruches et non les plateaux pour tromper les abeilles.

6.— Surveiller les essaims naturels. Les recueillir dès qu'ils sont posés et les porter immédiatement à la place qu'ils doivent occuper. — Réunir les faibles deux à deux et les soigner comme les essaims artificiels. Ne pas mettre les *essaims naturels* dans des ruches anciennement bâties, car les abeilles sont prêtes à sécreter la cire et il faut qu'elles en trouvent l'emploi. Ne pas frotter non plus la ruche avec du miel. — Pour savoir de quelle ruche un essaim est sorti, mettre quelques abeilles dans un verre avec un peu de farine, boucher le verre et aller les lâcher devant le rucher : la plupart rentreront dans la ruche d'où elles sont sorties. Devant les ruches qui viennent de donner un essaim on remarque ordinairement de jeunes abeilles de couleur blanchâtre qui sont tombées sur le sol n'ayant pu suivre les autres. — Quand des tueries se produisent lorsqu'on permute des ruches, envoyer beaucoup de fumée et mettre un morceau de naphtaline dans l'enfumoir. — Pour arrêter les essaims fugitifs : 1° leur tirer des coups de fusil ; 2° leur envoyer au moyen d'une glace la réflexion des rayons solaires ; 3° leur jeter de l'eau ou de la terre. — Visiter avec soin les grappes d'abeilles qui se posent par terre, la reine peut s'y trouver.

7. — Si on tient à conserver les essaims secondaires, les fortifier en leur donnant de suite du couvain operculé et aussi du jeune couvain pour empêcher les abeilles de fuir lors du vol nuptial de la reine. Si on veut les éviter, trois ou quatre jours après la sortie de l'essaim primaire, mettre celui-ci à la place de la souche. Les rayons empruntés pour les colonies faibles doivent être prélevées sur les ruches moyennes : les ruches fortes ne le sont jamais trop pour la récolte. Mieux vaudrait les renforcer encore : une bonne ruche donne plus de miel que deux ou trois moyennes.

8. — C'est le moment de faire l'élevage des reines. Lorsqu'une ruche de choix donne un essaim naturel, profiter des alvéoles maternels en excès pour organiser de petites colonies. On peut aussi, quand des ruches laissent à désirer, supprimer la mère et greffer, dès qu'elles sont mûres, une de ces cellules dans un des cadres du nid à couvain. — Le renouvellement artificiel des reines n'est pas à la portée de tous. C'est l'affaire de l'apiculteur de profession et des chercheurs qui se plaisent au sein des difficultés. — Les abeilles, ordinairement, font assez toutes seules le renouvellement des mères quand c'est nécessaire.

9. — Bien consolider la cire gaufrée des cadres destinés aux essaims, car le poids des abeilles la fait souvent effondrer. Eviter aussi de la manier par le froid ou par une trop grande chaleur : par le froid elle casse, à la chaleur elle se ramollit et se déforme. — Quand les cires ne sont pas pures, les alvéoles s'allongent et se convertissent en cellules de mâles de petite taille qui, s'ils sont propres à la fécondation, sont certainement un danger pour la race.

Vous approchez de la grande miellée,
Rayons encore, ou bien cire gaufrée.

Notes sur l'exploitation apicole.

LA GRANDE MIELLÉE

Juin.

1. — Ne toucher aux ruches, pendant la grande miellée, que pour donner de la place à remplir et récolter ce qui est plein. Les visites du printemps sont utiles en ce sens qu'elles stimulent l'activité des abeilles et la ponte de la reine ; en ce moment, une opération quelconque cause toujours une perturbation qui ralentit l'activité de la ruche. Ne pas approcher les abeilles par les temps orageux ; sinon, gare les piqûres ! Il ne faut pas croire que les abeilles connaissent la personne qui les soigne.

2. — Ne pas craindre de mettre trop de rayons : les abeilles aiment à disséminer le miel pour le faire évaporer rapidement. En ce moment, la production de la cire ne coûte rien aux abeilles ; cette sécrétion est même un besoin auquel il faut donner satisfaction : ne pas laisser bâtir, c'est une perte de cire que rien ne compense ; mais forcer à bâtir, c'est une perte de miel qui n'est pas compensée par la cire produite. Avoir soin de vérifier si tous les rayons se bâtissent bien droits dans les cadres ; redresser avec précaution les parties bosselées et enlever ce qui est irrégulier.

3. — Les ruches verticales ont déjà leurs hausses. Si le rucher est près de l'habitation, au lieu de mettre dans les ruches horizontales tous les cadres vides à la fois, il est préférable d'en intercaler un tous les deux ou trois jours de chaque côté du nid, entre le couvain et les rayons pleins. Les abeilles mettent toujours le miel près du couvain. — La miellée est courte ; c'est une erreur de croire qu'elle dure autant que les fleurs.

4. — Mettre au plus vite les calottes sur les ruches fixes en y plaçant intérieurement un bout de bois, ou mieux un morceau de rayon qui servira d'échelle aux abeilles. — Les capottes proprettes et regorgeant de miel operculé par les abeilles sont toujours très recherchées et rendent plus que les sections, en demandant moins de soins. Employer des caisses ou des paniers neufs, attrayants, frais, proprets et légèrement construits. Les caissettes faites avec les planches minces des caisses d'emballage valent mieux que les capots

de paille. Elles coûtent peu, économisent la place, peuvent être amorcées facilement et de manière à donner aux constructions une forme qui rehausse la marchandise. Longueur 0,24, largeur 0,24, hauteur convenable. Quatre de ces caisses couvrent une ruche Dadant-Blatt. Mettre sous les caissettes une planchette ayant une ouverture de un décimètre carré, pour empêcher les abeilles de souder les bâtisses de la boîte avec les porte-cadres du corps de ruche.

5. — Quand la récolte est peu abondante ou quand plusieurs jours de pluie suivent une série ensoleillée, il est utile de limiter, dans les ruches Layens, le nid à couvain par une tôle perforée. Quand le couvain prend une extension démesurée, il est avantageux d'enlever la reine avec une poignée d'abeilles pour faire une ruchette : l'éclosion du couvain maintient la population, libère les cellules, et l'activité des abeilles n'a plus pour objet que la cueillette du miel. Quatre semaines après, une nouvelle majesté entre en fonctions.

6. — Abriter du gros soleil, mais sans les déplacer, les ruches à simples parois, pour éviter le ramollissement des bâtisses et la fonte du miel. Les rayons construits sur de la cire gaufrée falsifiée, s'effondrent facilement ; quand le cas se présente, enlever toutes les parties abîmées et remettre la ruche en ordre. Donner beaucoup d'aération en soulevant le devant des ruches sur des cales : le pillage n'est pas à craindre en pleine récolte. — Ce n'est pas le moment de faire des transvasements ni de transporter les ruches en pleine activité. Les déplacements pendant la récolte font perdre aux abeilles un temps précieux et offrent de grands dangers, surtout pour les essaims : le miel coule, les rayons s'effondrent et alors... adieu rucheet réc olte !

7. — On peut placer des bourdonnières ; mais ce n'est pas quand les mâles sont nés qu'il faut les détruire : on doit les empêcher de naître. — En plaine, il faut extraire le miel de sainfoin avant la floraison des châtaigniers (voir le chapitre suivant). Le miel printanier est de plus bel aspect et meilleur que celui qui est récolté plus tard. Les sections vite achevées et qui ne séjournent pas dans les ruches sont les plus belles. Cette production exige des soins continuels ; elle n'est avantageuse que lorsqu'on peut vendre les sections beaucoup plus cher que le miel extrait. — Dans les montagnes, il n'y a qu'une récolte : se rappeler que les abeilles ont fini de travailler

quand on coupe les foins, et que le poids des ruches ira en diminuant à partir de ce moment.

8. — Préparer son outillage pour la récolte. Les instruments de première nécessité sont : un enfumoir, une brosse à abeilles, un couteau à désoperculer, un extracteur à force centrifuge et une couloire à opercule. Il faudra ensuite des bocaux pour loger le miel.

9. — Chercher dès à présent un débouché pour ses produits. Ne prenez jamais d'absinthe au sucre ou au sirop ; demandez du miel liquide, c'est bien meilleur au goût et à la santé.

10. — Noter avec soin, pour s'en rappeler les années suivantes, les jours de grande miellée. L'apiculture est une science de temps et de lieu ; celui qui s'y livre doit étudier et observer continuellement. Connaître les méthodes rationnelles ne suffit pas, il faut savoir en faire l'application d'une manière convenable et en temps opportun.

Laissez à son travail l'abeille au mois de juin,
Mais sachez récolter rayon de miel surfin.

Livres à consulter : *L'Abeille et la Ruche,* par Langstroth et Dadant. — Prix : 7 fr. 50. — *Conduite du Rucher,* par Ed. Bertrand. — Prix : 2 fr. 90.

Notes sur l'exploitation apicole.

LA RÉCOLTE

Juin et Juillet.

1.— Il ne faut récolter le miel que lorsque les rayons sont operculés au moins aux trois quarts. Trop attendre diminue la finesse du miel, qui prend un goût de cire et rend les abeilles paresseuses. L'enlèvement des rayons, au fur et à mesure, donne une augmentation de récolte qui paie largement ce surcroît de travail, et permet d'obtenir des produits de choix et de différentes qualités. Les sections doivent être enlevées aussitôt qu'operculées ; de même pour les calottes. Le bas de celles-ci étant toujours plus ou moins collé à la planchette de séparation, les cellules se déchirent et laissent couler le miel. Il faut les maintenir soulevées pendant une heure ou deux sur des cales de un centimètre environ, et les abeilles donnent aux bâtisses le fini dont elles ont besoin pour la vente. Un capot enlevé doit être remplacé immédiatement par un autre. — Ne pas toucher le corps de ruche dans les Dadant, ni les 10 cadres réglementaires du nid à couvain dans les Layens, sauf en cas de deuxième récolte; mais, de grâce, ne pas extraire les rayons qui contiennent du couvain. — Pendant la récolte, le meilleur moment d'opérer est le milieu du jour; quand les abeilles n'ont plus rien à butiner, il faut prendre le miel de préférence le soir, sous peine de pillage. — Avec les abeilles, il faut aller vite et doucement. Ceux qui craignent les piqûres, font bien de se frotter la figure et les mains avec un peu d'eau-de-vie camphrée. Ils peuvent aussi placer sur les cadres une toile légèrement imbibée d'une solution phéniquée ; cette toile écarte les pillardes et on n'a qu'à souffler dessus pour repousser les abeilles de la ruche. Avoir soin de toujours brosser les cadres de haut en bas et de maintenir la brosse humectée d'eau. — La seconde récolte est souvent aléatoire ; il ne faut pas trop prendre ; laisser trop, vaut toujours mieux que rendre un peu. Avoir soin de mettre toujours quelques cadres en réserve pour les colonies qui seront pauvres à l'automne.

2. — L'extracteur est le complément indispensable des ruches à cadres. Les rayons doivent être extraits le jour où ils sont sortis de la ruche ; ils ne se vident pas complètement

si on attend trop. Avoir soin d'égaliser le poids des cadres dans l'intérieur de l'extracteur pour éviter les ballottements. — Broyer les rayons des calottes pendant qu'ils sont chauds pour que le miel coule bien. Il y a des couloirs très pratiques pour égoutter la cire. — Le miel est une substance hygrométrique : il est nécessaire de l'extraire par un temps sec. En le sortant de l'extracteur, le mettre dans un grand vase, en bois, en fer-blanc ou en terre, ave un robinet en bas. Le miel épais et pur est au fond; par-dessus, il y a les paillettes de cire et le miel liquide qui a besoin d'être évaporé au soleil ou au bain-marie. Tous les deux ou trois jours, enlever l'écume sur le miel tant qu'il s'en forme. Déposer les récipients dans un local où la température est élevée pour que le miel achève de se mûrir, mais pas dans des appartements tapissés : les vapeurs du miel détériorent souvent les papiers peints.

3.—Après une quinzaine de jours, tirer le miel du récipient et le loger dans les pots où on veut le conserver. Attendre qu'il soit pris et le recouvrir avec une rondelle de papier parcheminé trempé dans de la bonne eau-de-vie. Mettre par-dessus un couvercle ou un papier double serré avec une ficelle, pour l'empêcher d'absorber l'eau en suspens dans l'air ; le porter dans un endroit frais et sec, jamais à la cave. On ferme aussi les pots d'une manière très pratique avec une mince couche de cire fondue. Des enveloppes vitrées sont nécessaires pour expédier et conserver les sections.

4. — Donner le soir et à l'intérieur des ruches les rayons vides à faire lécher. Les abeilles rongeraient la cire si on les laissait dehors. Les enlever dès le lendemain matin. Les brèches que l'on veut conserver pour garnir ou amorcer des cadres vides, doivent être soufrées et placées dans un endroit frais et sec ; elles sont bien dans un tonneau à pétrole, la teigne n'y va pas. — Tremper dans l'eau bouillante les opercules et les déchets de cire pour en faire des boules que la teigne et les insectes attaqueront difficilement. — Transformer les eaux de lavage en sirop pour les abeilles. Utiliser ce sirop de suite, car il fermente très vite ; mais, dans ce cas, on peut l'utiliser pour en faire de l'eau-de-vie.

5. — Un peu avant la fin de la récolte, il est avantageux de diviser les fortes colonies quand on a des mères en réserve. Après la récolte, on peut transporter les ruches en montagne. En voyage, donner beaucoup d'air surtout par-dessus. Changer le châssis-matelas par un autre garni simplement

d'une toile métallique. Voyager la nuit si possible. Ne pas transporter des ruches logées sur des bâtisses de l'année ; les cadres neufs s'effondrent souvent. Le plus pratique est de réduire les colonies à l'état d'essaim et de transporter séparément les abeilles et les bâtisses qui leur sont destinées. Inutile de dire que celles-ci ne doivent pas contenir de couvain. Pour gagner quelque chose, il faut transporter des populations énormes. Les petits essaims ne peuvent que récolter leurs provisions d'hiver.

6. — Ne mettre en vente que du miel de première qualité ; se servir du reste pour fabriquer de l'hydromel, de l'œnomel, de l'eau-de-vie ou du vinaigre. Consulter à ce sujet un bon livre ou mieux un praticien expérimenté. — Noter la quantité de miel récoltée dans chaque ruche.

Laissez toujours du miel près du nid à couvain,
Evitez que ce nid ne devienne orphelin.

Pour faire de l'apiculture, il est indispensable de posséder *Le Bulletin de la Société d'apiculture de sa région.*

Les personnes qui peuvent dépenser un peu plus pour leur instruction, liront avec profit :

1° L'*Apiculteur*, directeur M. Sevalle. — Prix : 5 fr.

2° La *Revue internationale*, directeur M. Bertrand. — Prix: 4 fr. 60.

3° La *Revue éclectique*, directeur M. l'abbé Métais, spéciale au clergé. — Prix : 4 fr.

Notes sur l'exploitation apicole.

APRÈS LA PREMIÈRE RÉCOLTE

Fin Juillet et courant Août.

1. — Une première récolte précoce permet à la reine de continuer sa ponte et les ruches deviennent populeuses. Ce sont les abeilles nées en août et septembre qui sont les meilleures pour l'hivernage et pour l'élevage du couvain au printemps. Donc, entretenir la ponte à cette époque : en plaine, les sarrazins suffisent; à la montagne, il est quelquefois nécessaire de la stimuler comme en avril. — Égaliser, tandis que la miellée dure, les colonies en prenant du couvain aux fortes pour le donner aux faibles, ou mieux en permutant les bonnes ruches avec les mauvaises, quand les abeilles sont occupées dehors. — Réunir les ruches cloches faibles par le culbutage, en mettant dessous la ruche à faire disparaître. C'est dès maintenant qu'il faut prendre des précautions si on veut avoir des ruches fortes et prêtes à temps pour la prochaine récolte. — Dans les ruches Dadant, si on veut éviter le nourrissement, il faut enlever les hausses un peu avant la fin de la grande récolte ; si on attend trop, les abeilles ne peuvent plus transporter assez de miel dans le corps de ruche.

2.— S'il fait beau ensuite, pluie d'août donne miel et moût. La deuxième récolte produit un miel de qualité inférieure ; on peut en profiter pour faire construire des rayons. Une provision abondante de cadres bâtis est une condition essentielle de la réussite en apiculture. Employer la cire gaufrée et visiter les ruches pendant que les abeilles construisent pour diriger les bâtisses. Ne faire construire qu'un cadre à la fois entre deux rayons de miel.

3.— Ne pas trop attendre si on veut faire élever des reines de race étrangère ou pour les croisements, car les mères élevées très tard sont rarement bonnes. Nourrir abondamment la ruche dont on veut conserver les mâles pour féconder les jeunes reines. Les bourdons dans les autres ruches commencent à disparaître ; s'il en reste, les empêcher de sortir au moyen d'une tôle perforée, placée au moment voulu. Il faut attendre deux jours après l'enlèvement de la mère pour greffer une cellule maternelle dans une ruche. Le lendemain, les abeilles n'étant pas encore convaincues de leur orphelinage, pourraient la détruire.

4. — Quand une colonie conserve ses mâles, alors que les autres détruisent les leurs, c'est mauvais signe, il faut en chercher la cause et y porter remède. — Quand une ruche est orpheline, il faut lui donner une reine ou la réunir à une autre. Rapprocher les ruches petit à petit avant d'en opérer la réunion. — Les reines étrangères, à cette époque, sont relativement à bon marché ; c'est, pour l'apiculteur qui en désire, le moment d'en faire l'achat ; à leur arrivée, il faut les laisser reposer deux ou trois jours avant de chercher à les introduire.

5. — Quand les abeilles sont trop irritées, il ne faut pas persister à vouloir les maîtriser. Le mieux est de remettre l'opération au lendemain et de fermer la ruche même en y laissant quelque désordre. Il est bon d'entrer le bas des pantalons dans les chaussettes et de fermer les manches aux poignets par des élastiques. En ce temps-ci, les abeilles sont agressives et le pillage est à craindre. C'est un grand danger, il faut l'arrêter immédiatement : rétrécir la porte de toutes les ruches, les enfumer, et, au besoin, transporter à la cave la ruche pillée.

6. — La fausse-teigne et le sphinx sont à craindre. Quand des traînées blanches traversent le couvain en tous sens, il y a des teignes ; chercher les larves et les détruire. Le sphinx pénètre dans les ruches le soir, au crépuscule ; réduire le trou de vol à 7 millimètres de hauteur pour l'empêcher d'entrer. Détruire aussi sa chenille sur les feuilles de pommes de terre. — Les vieilles reines sont souvent chargées de poux ; l'encens les écarte.

7.—Guerre à l'étouffage. Les étouffeurs sont des inconscients ; ils agissent comme celui qui couperait les branches de ses arbres pour en cueillir les fruits, ou qui tuerait ses poules pour en prendre les œufs. Les abeilles des ruches que l'on veut récolter entièrement sont très utiles pour renforcer les colonies peu populeuses. Une forte ruche ne consomme pas plus qu'une faible. Pour l'hivernage, c'est comme pour la récolte, les abeilles ne sont jamais trop nombreuses. La meilleure manière de retirer le miel des ruches vulgaires consiste à récolter totalement un certain nombre d'entre elles après en avoir chassé les abeilles pour les réunir à d'autres ruches moins fortes. Mettre à part le *miel vierge* provenant des rayons nouvellement construits et ne contenant ni couvain, ni pollen.

8.— Préparer pour le concours ses plus beaux produits : joindre la quantité à la qualité, car l'eau va toujours au moulin. — Ramasser pour la faire dessécher la provision de mousse dont on aura besoin plus tard pour abriter les ruches. — Noter ces observations :

Au mois d'août, prenez soin de chaque colonie ;
Puis, égalisez-les : la récolte est finie.

Livres à consulter :

1° *L'apiculture moderne*, par Clément. — Prix : 1 fr.

2° *Guide théorique et pratique*, par Zwilling. — Prix : 3 fr.

3° *Guide pratique* par M. l'abbé Delaigue et M. E. Palice. — Prix : 2 fr.

4° *Le Rucher illustré*, par G. de Layens.— Prix : 2 fr. 50.

5° La *Capucine d'Anjou*, par le Frère Julien.— Prix : 1 fr.

6° Le *Rucher du Cultivateur*, par Damonneville. — Prix : 2 francs.

Notes sur l'exploitation apicole.

LA MISE EN HIVERNAGE

Septembre et Octobre.

1. — L'hivernage doit se préparer en septembre, au plus tard au commencement d'octobre. Quand les froids arrivent, les abeilles ont besoin d'une tranquillité complète. — Se hâter de sortir du centre de la ruche les rayons qu'il y a lieu d'éliminer ; car, dès que la récolte cesse, les abeilles dégarnissent les rayons extrêmes et groupent le miel et le pollen dans le nid d'hivernage.

2. — Assurer des provisions suffisantes pour ne pas être obligé de nourrir au sortir de l'hiver : 10 à 12 kilos pour les ruches fixes ; 15 à 18 pour les ruches à cadres. Trois décimètres carrés de rayons pleins des deux faces font un kilo. Prendre des rayons dans les ruches qui ont trop de miel pour les mettre dans celles qui n'en ont pas assez. Si les rayons font défaut, compléter les provisions avec du sirop très épais (7 kilos de sucre, 4 litres d'eau, une poignée de sel, 3 cuillerées de vinaigre, un plein dé d'acide salicylique). Donner toutes les provisions en une seule fois, pour éviter un élevage intempestif de couvain, et immédiatement après la disparition des bourdons, pour que les abeilles aient le temps de les operculer. Les cadres remplis à moitié ou aux trois quarts sont les meilleurs pour l'hivernage ; mettre aux extrémités du nid à couvain ceux qui sont entièrement remplis. Ne pas écarter du groupe des abeilles les rayons de pollen ; celui-ci est indispensable pour l'élevage du printemps ; si on le sort ou si on l'éloigne, il moisit, durcit et n'est plus bon à rien. On peut operculer artificiellement des rayons de sirop : verser lentement le sirop dans les alvéoles, couvrir avec un papier buvard et approcher un fer à repasser légèrement chauffé. Les provisions non operculées sont de nature, en cas de réclusion un peu longue, à donner la dysenterie aux abeilles. Laisser une dizaine de cadres au plus. Si, le miel est disséminé sur un trop grand nombre de rayons, il faut en faire vider quelques-uns en les désoperculant. Dans les ruches à bâtisses chaudes, veiller à ce que les deux rayons les plus rapprochés de l'entrée contiennent du miel. — A partir du 15 octobre, ne plus donner que du sucre en plaques (voir le

chapitre suivant) ou des disques de trois centimètres d'épaisseur sciés dans un pain de sucre. Mettre ceux-ci à plat sur les porte-rayons et les recouvrir par une toile cirée, pour qu'ils soient amollis par les vapeurs de la ruche.

3. — Enlever les hausses et les cadres vides et inoccupés. Oter les planches et les toiles cirées, ou replier celles-ci sur elles-mêmes, de manière qu'elles ne recouvrent que les rayons du centre. Mettre un bon coussin de balles d'avoine ou mieux de mousse sèche : il retient la chaleur et laisse passer l'humidité. L'humidité fait fermenter le miel et amène la dysenterie. Calfeutrer les moindres fissures dans le haut. Ménager, à l'aide de trois ou quatre petites baguettes de 7 à 10 millimètres d'épaisseur, un passage par dessus les cadres, de manière que les abeilles puissent communiquer de l'un à l'autre, car il arrive qu'elles meurent de faim avec des provisions à côté, faute de pouvoir aller les chercher. — Incliner légèrement les plateaux vers l'avant pour permettre l'écoulement de l'eau. Laisser les entrées ouvertes dans le sens de la longueur, mais réduites en hauteur à 7 millimètres pour empêcher l'entrée des souris. Un courant d'air rasant le plateau est utile, un courant d'air de bas en haut est mortel. — Entourer les ruches à simples parois avec de la mousse maintenue par de petites planchettes à l'aide d'une corde. — Elever les ruches sur des tréteaux pour les préserver de l'humidité du sol et empêcher les fourmis et les forficules d'y pénétrer, mais avoir soin de les consolider pour que le vent ne les renverse pas. — Déboucher l'ouverture que les paniers ont à leur sommet et les coiffer d'une capote pleine de mousse sèche et percée également d'une ouverture à son sommet. Il serait bon de passer extérieurement les ruches en paille avec un lait de chaux pour détruire les larves et les œufs de fausses teignes.

4. — En résumé, il faut : reine valide, forte population de jeunes abeilles, rayons construits en entier et pleins aux trois quarts de miel et de pollen, chaleur dans le groupe, aération par dessous, évaporation de l'humidité par dessus, de manière que les abeilles soient à la fois à l'air, au chaud et au sec.

5. — Mettre en place le matériel devenu sans emploi. Placer les bâtisses au sec et au frais, dans une caisse ou un placard, à l'abri des rongeurs et des teignes ; les passer au préalable à la vapeur de soufre. Le miel des rayons conservés hors des ruches granule et se détériore facilement ; il est

préférable de laisser, dans les colonies bien peuplées, les cadres mis en réserve. Les cadres Layens peuvent être laissés dans les ruches, mais ceux des extrémités moisissent quelquefois. — Epurer sans retard les opercules et les débris de cire. — Les derniers jours d'octobre et les premiers jours de novembre sont particulièrement favorables au transport des abeilles. Faire, s'il y a lieu, les déplacements nécessaires ; mettre une boule ou deux de naphtaline sur tous les plateaux et ne plus toucher aux ruches. — C'est le moment de chercher à vendre son miel ; ne pas trop se presser cependant, car au printemps on en manque souvent.

6. — Noter l'état des ruches et ses diverses observations, et se rappeler que :

> Le bon hivernage est, comme on dit à l'école,
> Le vrai couronnement de notre art apicole.

Principaux ouvrages fixistes à consulter :

1° *Cours de Hamet,* revu par E. Sevalle. — Prix : 3 fr. 50.
2° La *Ruche*, par Vignole. — Prix : 3 fr.
3° *Calendrier apicole*, par Hamet. — Prix : 0 fr. 50.

Notes sur l'exploitation apicole.

PENDANT L'HIVER

Novembre, Décembre, Janvier, Février.

1. — Pour terminer les travaux du rucher, il vaut mieux devancer le froid que d'être devancé par lui, car les abeilles n'aiment pas à être dérangées une fois qu'elles ont commencé leur somnolence hivernale. Laissons jouir de l'apparence du sommeil celles qui dorment éveillées. Les malheureuses qui se désagrègent du groupe errent à l'aventure et ne tardent pas à tomber engourdies par le froid. Ce n'est plus le moment de mener des visiteurs au rucher, et il faut renvoyer à une autre époque les gros travaux à faire dans le voisinage. Ecarter les chats, les souris, les oiseaux.

2. — Incliner contre le devant des ruches une planchette qui laisse entrer l'air, mais arrête la neige et la pluie apportées par les vents et aussi, en temps de neige, les rayons trompeurs du soleil qui attirent les abeilles dehors. Enlever ces planches quand la température permet aux abeilles de sortir ; au besoin, favoriser ces sorties : elles augmentent la consommation, mais donnent aux recluses santé et vigueur. Prendre garde à son linge, car les abeilles que le besoin de sortir pousse dehors n'ont aucun respect pour ceux qui leur rendent visite. Répandre de la paille ou des feuilles devant les ruches pour empêcher les abeilles de tomber dans la neige ou sur le sol froid et humide. Ne pas craindre de laisser grands ouverts les guichets des fortes ruches ; mais il faut les munir d'un grillage qui permette aux abeilles de sortir tout en empêchant leurs ennemis d'entrer. Rétrécir de moitié l'entrée des ruches faibles. De temps à autre, enlever très doucement, avec un fil de fer recourbé, les abeilles mortes et les débris qui obstrueraient la portière. Laisser dans la neige les ruches en plein air : elle maintient la chaleur.

3. — Rentrer les colonies faibles, si l'on veut les conserver, dans un local sec, obscur, tranquille, ayant un air pur, une température égale, sans communication avec une pièce chauffée et où les bruits ne pénètrent pas. Les jours où la température extérieure est de 8° à l'ombre, reporter ces ruches à leur place pour qu'elles puissent faire leur sortie, les

rentrer le soir et cela deux ou trois fois jusqu'au beau temps. Il est inutile de rentrer les ruches qui ne demandent aucun soin spécial, mieux vaut les abriter et les protéger sur place pendant la période des grands froids.

4. — Quand il n'y a pas de passages dans le haut de la ruche, permettant aux abeilles de communiquer facilement d'un rayon à l'autre, elles peuvent périr de faim bien qu'il y ait encore du miel sur les côtés. Les abeilles, dans ce cas, tombent comme asphyxiées sur le plateau ou restent dans les rayons. S'il s'agit d'une ruche cloche, il faut la porter en cuisine, attendre que la chaleur ait ranimé les abeilles et leur donner une cuillerée ou deux de miel. Faire emmagasiner ensuite quelques provisions et attendre une belle journée pour sortir la ruche.

5. — On ne devrait jamais ouvrir les ruches en hiver ; les vivres ont dû être donnés en automne, et à partir de la Toussaint, l'abeille ne doit avoir besoin de rien jusqu'au mois de mars. Voici cependant, pour ceux qui n'ont pas su laisser ou donner des provisions suffisantes, le moyen de préparer le sucre en plaques : mettre ensemble trois kilos de sucre, un litre d'eau, une grosse cuillerée à café de crême de tartre ; faire bouillir doucement et remuer sans cesse pour que le sucre ne jaunisse pas ; laisser sur le feu jusqu'à ce que le sirop, pris dans une cuiller, ne coule plus si on la penche ; verser dans des moules en papier placés dans des cadres et laisser refroidir. Profiter d'un jour de sortie pour donner ces plaques par le haut des ruches et recouvrir bien chaudement pour retenir la chaleur.

6. — Si on a besoin de déplacer une ruche, opérer quand l'adoucissement de la température fait prévoir une sortie générale dans le courant de la journée. S'il faut la transporter un peu loin, opérer après une sortie. Mais si les gelées sont fortes, mieux vaut attendre en mars. Les abeilles doivent sortir avant et après avoir été déplacées.

7. — En février, quand le temps redevient doux, la ponte commence ; nettoyer le plateau sans secousse pour la ruche et diminuer les ouvertures, car la chaleur est plus nécessaire que jamais. — Si on peut tirer le plateau, on voit le nombre des morts, les débris de cire indiquent la place occupée par les abeilles, une peau de nymphe prouve que la ponte a commencé, des cristaux blancs de miel annoncent que les abeilles

ont soif et manquent d'humidité ; l'apiculteur sait lire dans ses ruches sans avoir besoin de les ouvrir.

8. — En hiver, repasser et compléter son matériel pour l'année suivante : fabriquer des ruches, réparer les rayons, remplacer par des alvéoles d'ouvrières les rayons à cellules de mâles. — Deux mauvais gâteaux font souvent un rayon irréprochable. Fabriquer sa cire gaufrée et la fixer aux cadres ; conserver ceux-ci dans une position aussi verticale que possible. — Se concerter avec ses voisins pour faire ses achats en commun. — Lire et relire son *bulletin* et quelques bons livres apicoles. — Recopier ses notes et observations pour les envoyer au Président de la Société, qui en fera profiter tout le monde par la voie du *bulletin*.

9. — A l'occasion des fêtes, propager le miel et ses dérivés par des cadeaux. L'abbé Voirnot indique cent manières de l'employer. Insister surtout auprès des malades et des amis. En cas de toux, prendre du miel matin et soir dans un bol de lait.

Hélas ! qu'est devenu ce temps, cet heureux temps
Où le miel en faveur faisait vivre cent ans !

Bons ouvrages à lire en hiver :

1° *L'Apiculture éclectique*, par l'abbé Voirnot. — Prix : 1 fr. 80.

2° Le Répertoire de l'apiculteur, par le même. — Prix : 1 fr. 50.

3° L'Almanach-Revue, par le même. — Prix : 0 fr. 75.

4° *Le miel des abeilles*, par le même. — Prix : 1 fr.

5° *L'abeille à travers les âges*, par Jules de Soignie. — Prix : 2 fr. 50.

Notes sur l'exploitation apicole.

TROISIÈME PARTIE

CE QU'IL FAUT NOTER

Particularités relatives

Numéro de la ruche.	RACE DES ABEILLES et origine de la colonie.	PREMIÈRE VISITE			DÉPENSES		OBSERVATIONS (Soins donnés aux colonies.)
		Nombre de rayons ayant du couvain.	Nombre de cadres couverts par les abeilles.	Evaluation du miel restant.	Cire.	Nourrissement.	
1							
2							
3							
4							

à chaque ruche.

ESSAIMAGE *Indiquer si la colonie a produit un essaim naturel ou artificiel, si elle a été déplacée, si elle a fourni des cadres de couvain à une autre ruche.*	RÉCOLTE	MISE EN HIVERNAGE					OBSERVATIONS
		Nombre de cadres couverts par les abeilles.	*Evaluation du miel.*	*Etat du couvain.*	*Nombre de cadres pleins.*	*Nombre de cadres vides.*	

Numéro de la ruche.	RACE DES ABEILLES et origine de la colonie.	PREMIÈRE VISITE			DÉPENSES		OBSERVATIONS
		Couvain.	*Abeilles.*	*Miel.*	*Cire.*	*Nourrissement.*	

ESSAIMAGE	RÉCOLTE	MISE EN HIVERNAGE					OBSERVATIONS
		Abeilles.	*Miel.*	*Couvain.*	*Cadres pleins.*	*Cadres vides.*	

Numéro de la ruche.	RACE DES ABEILLES et origine de la colonie.	PREMIÈRE VISITE			DÉPENSES		OBSERVATIONS
		Couvain.	*Abeilles.*	*Miel.*	*Cire.*	*Nourrissement.*	

ESSAIMAGE	RÉCOLTE	MISE EN HIVERNAGE					OBSERVATIONS
		Abeilles.	*Miel.*	*Couvain.*	*Cadres pleins.*	*Cadres vides.*	

Numéro de la ruche.	RACE DES ABEILLES et origine de la colonie.	PREMIÈRE VISITE			DÉPENSES		OBSERVATIONS
		Couvain.	Abeilles.	Miel.	Cire.	Nourrissement.	

ESSAIMAGE	RÉCOLTE	MISE EN HIVERNAGE					OBSERVATIONS
		Abeilles.	*Miel.*	*Couvain.*	*Cadres pleins.*	*Cadres vides.*	

ADRESSES

des Apiculteurs avec qui on a des affaires

Ventes à Crédit.

Dates des ventes.	NOMS DES DÉBITEURS Nature et quantité des produits vendus.	Sommes dues.

Dates des ventes.	NOMS DES DÉBITEURS Nature et quantité des produits vendus.	Sommes due

Journal des Comptes apicoles.

Celui qui tient des comptes réguliers ne peut pas se ruiner.

MOIS	*Jours.*	DÉTAIL DES OPÉRATIONS	*Recettes*	*Dépenses*
		Totaux à reporter.		

MOIS	Jours.	DÉTAIL DES OPÉRATIONS	Recettes	Dépe
		Report. . .		
		Totaux à reporter. .		

MOIS	Jours.	DÉTAIL DES OPÉRATIONS	Recettes	Dépenses
		Report. . .		
		Totaux à reporter. .		

MOIS	Jours.	DÉTAIL DES OPÉRATIONS	Recettes	Dép
		Report. . .		
		Totaux. . .		

RÉCAPITULATION

RECETTES			DÉPENSES		
illes................			Abeilles		
....			Nourrissement..........		
....			Cire gaufrée............		
Sommes dues :			Ruches et outillage.....		
			Livres et Société		
			Autres dépenses :		
Total			Total.....		

BALANCE :

Recettes :

Dépenses :

Différence : en

INVENTAIRE

de l'avoir apicole à la fin de l'année 18

NOMBRE	OBJETS	VALEU
	Ruches à cadres, estimées	
	Ruches fixes, estimées.................	
	Outillage	
	Miel................................	
	Cire................................	
	Ruches vides........................	
	Rayons construits....................	
	Total..........	

OBSERVATION

Il ne faut pas oublier que le port des marchandises viennent de loin et par grande vitesse est toujours coûteux.

www.ingramcontent.com/pod-product-compliance
Lightning Source LLC
LaVergne TN
LVHW020037170826
845678LV00001B/301